我们之间是来真的

神威 主编 君 俞璐 等

著

27个属于我们之间的故事

中国三峡出版传媒
中国三峡出版社

图书在版编目（CIP）数据

我们之间是来真的 / 神威等著 . -- 北京：中国三峡出版社 , 2020.11
ISBN 978-7-5206-0146-7

Ⅰ . ①我… Ⅱ . ①神… Ⅲ . ①人生哲学 – 通俗读物 Ⅳ . ① B821-49

中国版本图书馆 CIP 数据核字 (2020) 第 178989 号

责任编辑：于军琴
装帧设计：子鹏语衣

中国三峡出版社出版发行

（北京市海淀区复兴路甲 1 号 100038）
电话 : (010) 57082645 57082577
http://media. ctg. com. cn

北京世纪恒宇印刷有限公司印刷　新华书店经销
2020 年 11 月第 1 版　　2020 年 11 月第 1 次印刷
开本 : 787 毫米 ×1092 毫米　1/16　印张 : 9. 5
字数 : 134 千字
ISBN 978–7– 5206 – 0146 –7　定价 : 59. 80 元

让你的笑容留在时光里

对于我这么一个天生精力充沛，一年有 2/3 时间都在路上的人来说，2020 年年初的新冠疫情让我迫不得已地停下了脚步。

在半年时间里，我很少出门，窝在家里阅读了大量的书籍、看了许多电影，似乎想将过去几年没有时间看的一股脑儿都看了。我与全世界的朋友们连线，在视频中看他们身边的变化，与他们探讨新冠疫情过去之后的生活。

春天的花谢了，夏天的知了也停止了鸣叫，秋天转眼就过去，冬天即将到来，这一年就这么措手不及地迅速向前。而我们每一个渺小的人，却被按下了暂停键，等待着重新播放。

　　当新冠疫情开始好转，我走出家门，走进北京的许多花园和胡同，细细观看这座城市的各处古建筑与城墙。与好朋友们一起去发掘各个城区的美食，慢慢地，能走出去的时光渐渐多了起来。我用拍立得给这些时光留下了笑脸。这些笑脸的背后，也许有悲伤、有痛苦、有寂寞、有无奈……有太多太多的情绪，但随着咔嚓一声，留下的都是美好。

　　每个人在拍照的时候似乎都希望用笑脸来定格，我们也总是在拍照的时候说声"茄子"，或者比个爱心手势，都想让自己的笑容留在相框里。也许，我们要做的是用我们的笑容去改变这个世界，而不是让这个世界改变我们的笑容。渺小如我们，都愿意尽力去给这世界留下笑容，再让这笑容感染更多的人。

当相纸从相机中逐渐上升，白底上慢慢浮现出笑脸的那一刻，好像疫情已经过去了，好像春天的花又开了，夏天的蝉又鸣了，秋天的蓝天又多了。世界好像从没被按下暂停键，一切都在有条不紊地继续向前走着，到处散发着美好。等这个疫情结束后，我们最想做的事，也许就是走出去跟亲人、朋友、同事说声"你好，好久不见"，然后张开双臂与他们拥抱。

聚会、美食、音乐、艺术……都会回来。

当我们回顾已经渐渐离我们远去的这一年时，若能留下一张笑脸，便可轻描淡写地对下一年的自己说"我很好，勿担心"。

神威

2020 年 9 月

目 / 录

第一章

两个人的

浪漫

————

关于爱情

我 们 之 间 是 来 真 的

他 和 她

二

自拍合照的日常：
无面男
无体怪

蛙桑桑

　　和前女友分手快一年了，当时我们都没想到，两人相处越久反而越有种疏离感，于是双方决定各奔东西，内心虽痛但也仿佛放下了某些重担，也许我可以继续轻装上路了。

　　然后，我遇到了她。

　　我和她是因为工作关系而互留了联系方式，但后来公司取消了相关业务，没有合作成。和她联络工作问题时，她总是特别积极，但后来的几个月里我们没有过多联系，她也从来不主动给我发消息，只要不是工作上的问题，总是半晌才回。给她送了些小礼物，她也从来没对我表示过感谢，着实让我有点介意。这丫头是个什么样的人呢？我不禁对她产生了好奇。于是我开始翻看她的 QQ 空间，看她每天发自己的生活日常，她一个人在上海，热爱工作，乐观积极，是个勇敢又热爱生活的姑娘，但好像也有点傻乎乎的——大雨天楼下的积水居然能让她玩得很开心。

我把自己陷进了她的"每一天"里，对她的好感日益增加，于是下定决心要约她出来。第一次约，未果，连信息都没回！垂头丧气了一个月，我再次鼓起勇气发了条短信：晚上一起出来吃饭吗？我这有两张演唱会门票，到时会有丁当、张韶涵、吴克群和其他几个明星来。短信刚发出去就收到了回复：好呀。终于得到了回复！果然还是明星有分量，女孩自然是喜欢追星的。然后我急忙恶补了一下那些到场明星的资料，希望能增加一些聊天话题，借此给对方留个好印象。没承想，我没算好时间，第一次约她我就迟到了。

为什么只有均码的睡衣？
2014.10.24

从今天起，我们就持证啦！
2009.9.25

在马路对面，我看到倚靠在商场门口的那个小小的身影，我一步步走向她，目光始终在她身上：牛仔裤，黑色 T 恤，右耳朵上有一只紫色的小熊耳环，头发干干净净地在左边扎了一个发髻，正好和右边的小熊耳环形成了一个视觉上的平衡。一看就是精心打扮过了，看来她也很重视这次约会，我心中隐隐地开心。她正低头看手机，待我走到面前时，她才缓缓地抬起头。"Hi！"我主动打招呼，她嘴巴微张又合上，然后才回应我："你好。"

她看起来和照片上一模一样，不同的是照片中的她可爱活泼，而今天则看着有点冷峻。跟我不算熟，矜持是自然的，不过无论她是哪个样子，都是我喜欢的模样。

"如果未来，她能成为我的老婆就好了。"见她第一面，我就这么想。

C 酱酱

谈了三年的异地恋，最后竟然败给了毕业后共同相处的短短三个月。与前男友分开就是想要换个崭新的生活。

一个人在上海工作，刚毕业工资低微，每个月发工资前的那几天只能啃啃馒头、喝点白粥混过去，所以我就在一些插画论坛上放上自己的作品，期待能接点商业插画以增加一些收入。不多久，果然有客户加我了。

积极联络了一周，最后得到的答复却是他们公司暂时不打算做插画项目了，以后有机会再合作。我觉得应该是对我的作品不满意而找的借口吧。在此之后的事就没有太多印象了。有人给我寄过两次快递，一次是广东的凉茶冲剂，一次是面包和酸奶，寄件人不认识。

有一个周末正愁没饭吃的时候，一条短信闪着金光亮了起来，有人要请我吃饭！好呀！我马上答应，随便穿了身休闲装就准备出门。糟糕，没洗头！算了，扎起来！冲着对吃的热爱，我早早地就到了见面地点，然而约定时间都到了，那个人还没出现，第一次见面就迟到，真差劲！我撇撇嘴，内心给他扣了5分印象分。

我低头假装玩手机游戏，不时地悄悄抬眼看看约我的到底是什么人。人民广场人来人往，对面人行道红灯转绿，一大群人涌上了斑马线，只见人群中有一颗突兀的脑袋正在移动，那模样好笑极了，怎么会有人那么高，我忍不住在心里嘲笑了一番，然后继续用余光关注对面的那个人群，请我吃饭的人兴许就在那里面。可是那颗突兀的头太显眼了，我觉得他径直朝我走过来，越来越近，越来越近，最后停在了我面前……

我有点慌，慢慢抬起头，目光仿佛跑了800米长跑才到达他的脸：卷毛，方

2011.9.25

小酱两岁啦！
2020.6

脸，很方的脸，白衬衫。关键是，这人也太高了吧！我震惊得合不拢嘴，甚至内心狂啸，有点被惊吓到，隐约听到他好像跟我打了个招呼，我才故作镇定地跟他也说了句"你好"。

"他如果是个坏人，我肯定打不过他，吃完饭，瞅准时机就溜吧！"我心中暗自下了决定。

这就是我们的第一次见面。

直到现在，我们聊起那天的情形都忍俊不禁。当时的我绝对不会想到，这个看似坏人的大男孩后来竟成了我的丈夫，十几年来风里雨里都陪着我，我们的感情没有太多波折，却像拍立得相片一样久不褪色。

今年是我们结婚的第十一年，最近我总喜欢闲来就翻翻一次成像相册，这些年的回忆历历在目，原来两个人相处久了，年龄、身高等这些外在差异会变得越来越微不足道，心的距离才是合拍的关键，两人互相欣赏才是最重要的，我们的日子平淡而甜蜜，我们一起为相同的目标而努力，应该没有什么比这更幸福的了吧。

因为我们之间，是来真的。

作者名称：蛙桑桑+C酱酱　　作者职业：漫画家
产品型号：instax mini 7S　　所用时长：9 年

陪伴是最长情的告白

—

　　我理想中的爱情是这样的，简单之中蕴含着精致，有趣之中又充满着文艺感，我希望我的爱情既可以留下瞬间的灿烂，也可以保持平淡的长久。

　　小冯是我曾经单恋的人，十年前向他表白过一次，不幸的是被他拒绝了。虽然当时很不甘心，可还是放弃了。不过我始终放不下对他的感情，这十年间一直在默默地关注着他的消息，他的一举一动、一丝一毫的消息我都不想错过，不过我的这些小心思他并不知情，可能早已把我当成学生时代的一段小插曲忘了吧。直到 2013 年，我居然在家附近的地方意外遇见了他，这成了我们之间重新建立联系的突破口，当天我们聊了很久，互相留下了联系方式，之后便频繁地用短信、QQ、电话联系，逐渐建立起属于我们之间的默契和感情。

　　我们恋爱之后，他送我的第一个礼物是一台 instax mini 25，这款相机有着纯白色的机身，上面还有一个超可爱的 Hello Kitty 图像，我喜爱无比，每次用它拍照片仿佛是一次未知的冒险，如何将光线、色彩和阴影巧妙地融合在一起拍出完美的照片是我们之间经常探讨的话题。

在恋人眼里，世间万物都变得格外可爱，不管走到哪里、不管干什么都想记录下来。按下快门那一瞬间的紧张，等待显影时候的焦急，拿到照片后的喜悦，都成了我们的乐趣。我们喜欢讨论如何拍出好看的风景，喜欢自拍时留下的合影，喜欢用恋人视角拍出对方最美或者最丑的样子，这些都是我们爱情的见证，都是我们之间点点滴滴的美好回忆。

在一起三年后，小冯终于鼓足勇气向我求婚了，我毫不犹豫就答应了他。在我看来，他和十年前一样，还是那么单纯善良，还是那么热情洋溢，还是那么爱笑，而且在一起之后，他总是宽容地对待我每一次孩子气的无理取闹，即使吵了那么多次架，他从来没有说过"分手"两个字，从来没有让我们的吵架延续到第二天。虽然在上一段感情中他受过伤害，可这丝毫没有影响他对我的爱，他依然默默地对我好，让我感觉如初恋。他对我的爱，让我认定，他就是

我要陪伴一辈子的人，他就是我要共度一生的人。

前年，我们有了自己的宝宝，二人世界升级为三口之家。虽然因为宝宝，我们少了很多二人相处的时间，但也因为他的到来让我们感受到了为人父母的喜悦，家里更增添了一些人情味。这样我俩身上又担了一份责任，但这应该就是甜蜜的负担吧，我们愿意将自己的爱更多地给予到孩子身上，陪着孩子一起成长，也让我们能够成为更好的自己。

空闲时间我总会把这些年拍摄的照片拿出来欣赏一番，每次翻开相册，曾经美好的回忆就会一瞬间涌上心头，纵使许多年过去了，那些影像依旧色彩如新，这种温度和魅力是普通的电子照片无法比的，而这一张张纸质照片便是我们爱情最珍贵的记忆。

　　爱情也许就是这样，不需要多么轰轰烈烈，不需要太多激情，但细水长流何尝不是一种永恒，平淡生活又何尝不是另一种激情。我们都在这个世界中过着普通的生活，但这就是人生的意义。我们享受它、爱它，便是一种幸福。

作者名称：王雪　　　　　作者职业：教育培训机构教师
产品型号：instax mini 25　　所用时长：7 年

我们，七年

从 2013 年 8 月 11 日至今，
我们已经一起走过了七年。两个
人相处久了，似乎激情已经慢慢
褪去，生活归于平淡了，我们之
间有的不只是爱情，更多了一份
亲情，互相割舍不掉。我们喜欢
彼此依偎的感觉，喜欢有什么快乐或悲伤的事都第一个与对方分享，喜欢这种互
相陪伴的感觉。

2014 年，我们一起庆祝在一起的第一个纪念日，我们能想到的方式就是逛
逛街，在一起走走，带着相机出去拍照，留下我们的印记。后来，我们一起走过
了很多地方，我们或合影或给对方拍照，只为了留下旅行中的每一刻，尽情享受
恋爱的快乐。

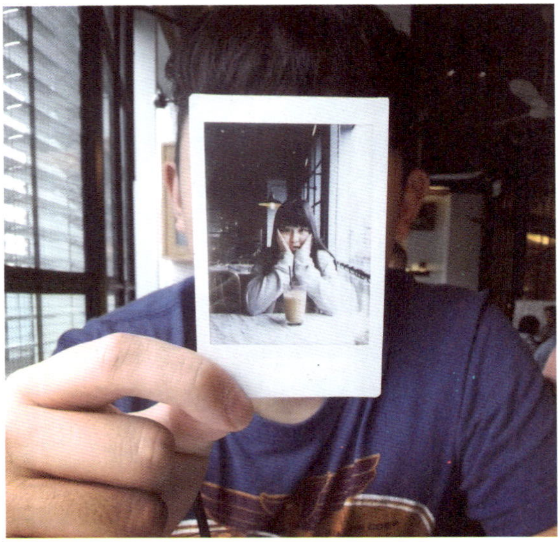

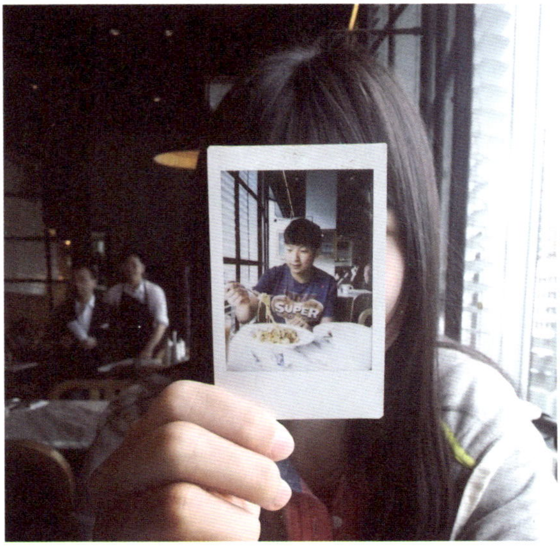
SUPER

我们之间是未育的

Cong  rat

2014. 05. 26

2018. 06. 28

2017年末的合照是我们跨年的小小仪式，记录下这一年最后一刻的我们，也和这一年好好地说了声"再见"，一起期待下一年在一起的每一天。

2018年，我一个人去伦敦做交换生。春节的时候，他因为思念我而特意飞过来陪我，我们来了一次说走就走的爱丁堡短途旅行。这年春节正好碰上我们的纪念日，吃完简单的自制年夜饭后，我们一起迎来了新年的钟声。

2019年是我们在一起的第六年，即使是最稀松平常的一天，对我们来说也是珍贵的。这一年，我们面临毕业，都忙着论文和考试，我们一起加油打气，做对方的"树洞"，为对方减压。也是在这一年，我们顺利毕业了。四年时间，从高中到大学，回头看看，我人生中重要的时刻都有他在。这让我感觉好暖心，幸而有他，我才能成为更好的自己。

我们的第七年，刚刚毕业的我们还没有什么烦恼，这样的日子似乎就是理想中的生活。他和我互相陪伴，没有烦恼，不用发愁以后的日子。

2019年我们迈进了人生的新阶段，开始工作，开始思考未来。在年末的这一天，怀揣着对未来美好的期许拍了一张合照。虽然2020年遭遇了太多灾难，但我们依然彼此相伴，我们发现健康快乐就是最好的状态，我们更加懂得知足常乐的道理。

2020年，因为新冠疫情的关系，我们没法时常见面。他送给我一台instax mini Link，说："也许我们可以云合影。"

我们的七年，每一个瞬间都值得纪念。我们满怀期待地开启下一个七年，以及以后的每一个七年。

作者名称：amiiich　　　　　　　　　作者职业：文职
产品型号：instax mini 25 、mini 90 、mini Link　　所用时长：7年

第二章

家是温暖
的港湾
————
关于亲情

我 们 之 间 是 来 真 的

一起成长是我对你的爱

二

　　做了十几年摄影师，拍照使我快乐，也让我更加懂得如何记录美和发现美。可在从业这么多年后，不时会有种疲惫感，也偶尔会缺乏激情，有时候会突然觉得拍照这件事已经不是那么有新鲜感和仪式感了，它似乎只是我的一份工作，似乎我在特意将它和我的生活区分开。在孩子生下来后，虽然带她去了不少地方旅行，但给她拍的那些数码照片却被我的拖延症变成了无用的文件夹，默默地安放在电脑的某处，后来干脆用手机直接拍照发到朋友圈就算完事儿了。我们这个时代的人已经很少用日记和书信进行记录和交流了，木心在《从前慢》中说，从前书信很慢，车马很远，一生只爱一个人。而现在网络的发达、通信的便捷，让我们更依赖现代化的设备，我们通常会把照片拍完后放在电脑上或硬盘里，而后可能一年、两年、三年都不再打开看看，总觉得照片就在那里放着，不会丢失，但久而久之，总感到少了那么一点人情味。随着孩子逐渐成长，我发现不能就这么错过她的每一次变化，因为她每长大一天、一个月、一年，都是在和我们告别，我们彼此会

2019 年的 365 张 mini 相纸是我对你每一天的爱。

渐行渐远，彼此陪伴的时间也会越来越少。我想努力抓住这份感觉，想努力留下孩子成长的痕迹，想老了以后有东西可以回忆，于是我选择用 instax 记录她的一颦一笑和她成长中一次又一次重要的事件。

　　我时常边整理照片，边回忆孩子的成长历程。就像回放电影一样，一幕幕都鲜活地出现在脑海里。回忆起孩子上幼儿园的那一天，是我和她的第一次小别离，在把她送进幼儿园的大门后，我在远处观望了许久，难以形容当时的那种情绪，不舍、担心和焦虑通通都有。有时候也许不是孩子离不开我们，而是我们离不开他们；也许不是孩子依赖我们，而是我们在依赖他们。她的人生已经开启了新的篇章，她会在幼儿园里认识更多的老师，结识更多的朋友，我们逐渐不再是他们的唯一，

2020 年 1 月至 8 月的你是照在
我心上的阳光。

家里客厅软木张贴墙上的你在我心里最美。

他们逐渐有了自己的小世界。纵有万般不舍，我也只能选择放手。龙应台在《目送》中曾说，所谓父女母子一场，只不过意味着，你和他的缘分就是今生今世，不断地在目送他的背影渐行渐远。你站立在小路的这一端，看着他逐渐消失在小路转弯的地方，而且，他用背影默默告诉你：不必追。

即使我们追赶不上他们的脚步，但幸好我们还可以记录下他们的每个第一次，第一次溜冰，第一次包饺子，第一次做母亲节手工，第一次画出具象的画，虽然不是什么了不起的大事，但是这个全新的生命在一点点感受世界的奇妙，而我能做的就是陪伴、记录，留到以后跟她一起回忆这些点点滴滴。孩子有时候可以治愈一切，陪伴孩子一起成长，也是为了成就我们自己。

2019.3.4 幼儿园上天

第一天上幼儿园，眼睛红红的
样子格外让人心疼。

2019.4.18

在摄影棚内拍了一张花絮照，她
古灵精怪，造型感十足，表现力
爆棚。

2020.6.15

第一次穿溜冰鞋，平衡感居
然很好，胆子也很大，运动
感不错。

2020.7.19

在富士 instax 于重庆举办的摄影课
现场，小家伙玩得不亦乐乎，大方
地回答爸妈在现场提出的互动问题。

作者名称：多萝西　　　作者职业：摄影师
产品型号：instax mini 7S　　所用时长：7 年

爱与责任

二

　　很多朋友在见到我的时候，都有一个疑问，问我一个大男人怎么那么会带孩子？每次我都笑笑说，其实没有会与不会，只有爱与不爱。我也是第一次做父亲，第一次面对一个小生命，第一次面临各种教育难题。我之前完全没有任何经验，一开始也不知道怎么去养育他，后来想想，这应该就源于爱与责任吧。只有爱才能让人更加有耐心，更加有责任心，更加愿意去感受孩子的内心需求。

　　一路用心养育孩子，看着孩子不断长大，收获了许多惊喜，第一次听到孩子叫爸爸，第一次看到孩子摇摇晃晃地走路，第一次发现孩子会数学加法，等等，他一次次带给我感动，一次次让我体会到成就感。在陪伴孩子成长的过程中，我也在慢慢学着对他放手。孩子第一天上幼儿园时，我万般不舍地松手，偷偷地在角落里观察他在教室里的一举一动，那一刻我恍然醒悟，孩子需要我的爱，但也需要有自己的空间。

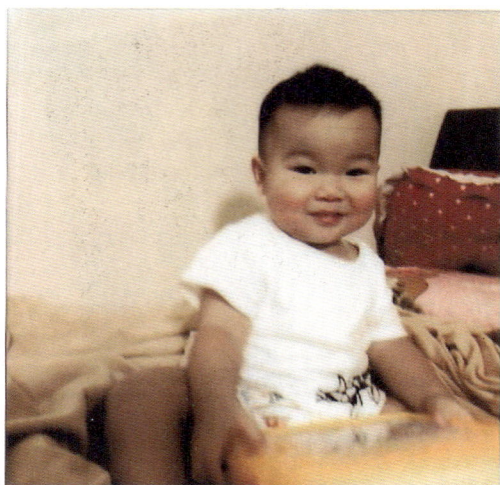

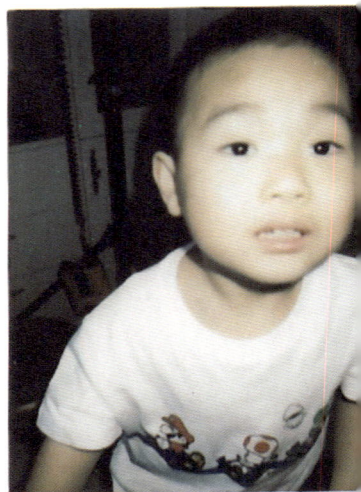

我愿意见证孩子的每一次成长，我想时刻陪伴在他身边，但这个愿望却因为跟孩子妈妈的离异而无法实现。但正因为如此，我更加珍惜和孩子的每一次见面，更加珍惜与他在一起的每一刻。在离异初期，我时常担心孩子因为和我在一起的时间减少而对我疏远，但近一年来我发现孩子和我之间的感情更胜以往，也许是因为我的有效陪伴让他感受到，我对他的爱一点都没有变，我对他的责任也没有因为距离的增加而减弱，这些都让孩子脆弱的心理得以慢慢恢复过来。而且，孩子在我的带领和鼓励下，成了一个小暖男。当他发现我难过掉眼泪的时候，会拿纸巾过来帮我擦。当我不小心磕疼、磕破的时候，他会过来帮我吹吹伤口。每次看见他懂事的

样子，我都会感叹，大人对孩子的每一次付出都会换来孩子天使般的爱。

感谢我们之间的感情没有因为时间和空间的变化而出现问题，这也让我更有动力继续努力生活、拼命工作，让我的摄影兴趣能够继续下去。在孩子成长的过程中，我经常用富士一次成像给他拍摄下来，我想用这种方式记录宝宝的成长，如此便能在想念他的时候翻开照片看看，也更加坚信，爱与责任就是养育孩子最好的秘诀。

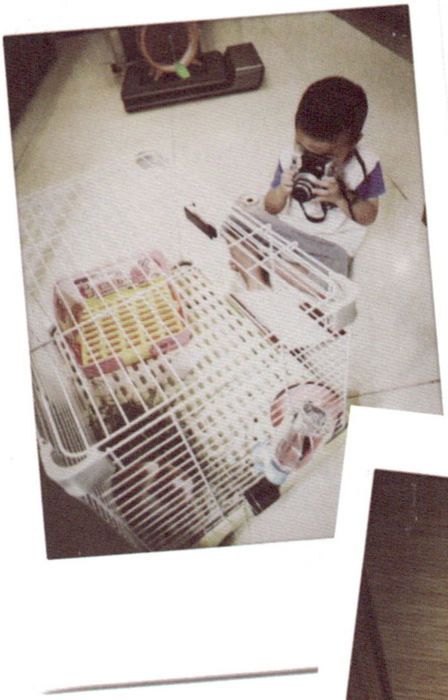

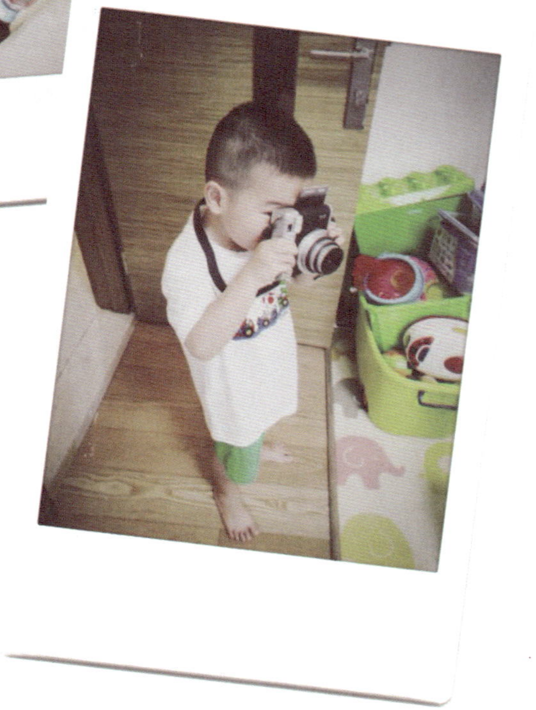

孩子的摄影作品：

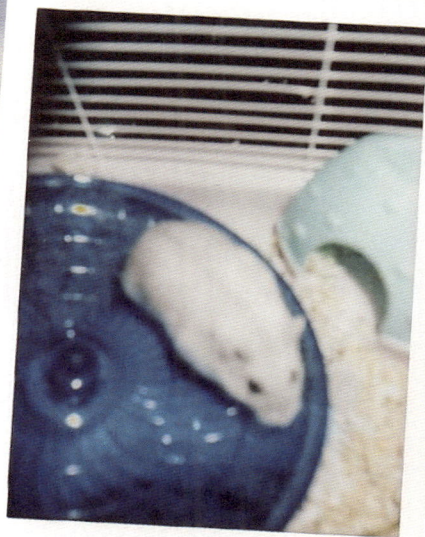

作者名称：任思杨　　　　　　　　　　作者职业：业务经理
产品型号：instax mini 90、SQUARE SQ20　　所用时长：7 年

你的成长是我的骄傲

——

有了孩子之后，日子就像被施了魔法一样，快得超乎想象，看着相纸上孩子的一张张笑脸，一点一滴的变化，一个个关于他的成长瞬间似乎被定格在了那里。我喜欢用成长手账记录孩子的变化，这一页页的温馨美好教会我们在繁忙琐碎中珍惜每一天。他的成长伴随着欢声笑语，也伴随着疼痛哭泣，但快乐的事情似乎总是比难过的事情更多一些，每次只要随便拿出一个来，都能让我开心很久。虽然在别人看来，这些都是再小不过的小事，但在我眼里，正是这些日常生活中的小事构成了成长这件大事。

碎碎念一：一起讲故事

忙忙碌碌一天后，又到了傍晚，吃过晚饭后，蛋蛋爸爸拿出新绘本和蛋蛋一起看。

"嗯？故事里的小姐姐怎么哭出了眼泪？怎么那么伤心？让我好好想想。"

爸爸讲完故事了，不到一岁半的蛋蛋竟然模仿爸爸的样子，也声情并茂地讲了起来，可是只会嗯啊哇啊咦啊哈啊地讲……

每天晚饭过后都是我们的亲子时间，即使再忙，我们都会抽出一些时间来陪伴孩子，不管是读绘本还是做游戏，都会陪在他身边。孩子需要父母的有效陪伴，这样才能获得更多安全感，也能塑造他更好的性格。

碎碎念二：蛋蛋开摩托

有段时间，蛋蛋很喜欢开摩托车，男孩子好像对车有种谜之喜爱，看到各种车就走不动道，我们在他过生日时送了他一辆摩托车，自此之后他便喜爱得不得了，每天早上起来第一件事就是骑上去。经常给我们秀他的新技能，比如学会了双脚悬空的酷炫技能，学会了双脚倒车，等等。

孩子总是会在开心的时候、悲伤的时候、委屈的时候，第一时刻与我们分享，因为我们是他最信任的人，也是他的避风港。这个时候我们需要尽可能多地给他情感上的支持，不辜负小小的身子对我们大大的依赖。

碎碎念三：生活照片随记

2020.8.6 不愿离开旋转木马。

2020.1.15 学会指物了。

2020.5.2 在太爷爷和妈妈的生日聚会上，想方设法地吹蜡烛。

2019.8.12 和小熊玩偶玩耍的蛋蛋已经可以坐地很稳了。

作者名称：蛋蛋妈　　　　　　　作者职业：自由职业
产品型号：instax mini 90、WIDE 300　所用时长：1 年半

友情永远在路上

二

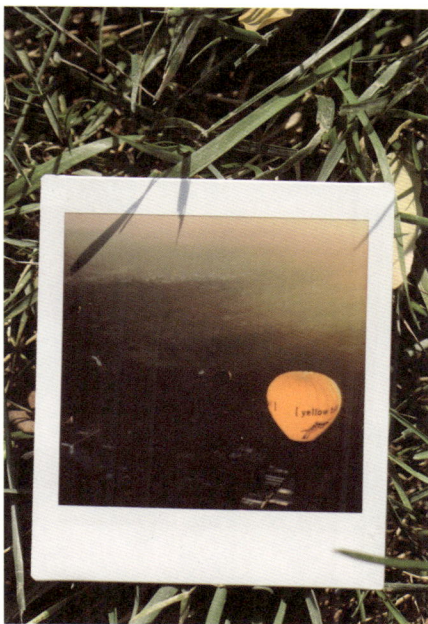

独自旅行不代表孤单

对于我来说，旅行是生活中的一部分，却又高于生活。

作为一个经常提笔写字的人来说，我喜欢在路上发现那些平凡中的不平凡，于是无时无刻不在期待遇见美丽的意外。所以当我在异国他乡，结识的新朋友问我："你一个人旅行不会孤单吗？"我会笑着反问他："怎么会孤单？一个人的旅行就真的只有自己一个人吗？"

我常常是决定了要去一个地方，就迅速把签证、机票搞定，挂上富士拍立得、背上电脑包，拖着行李箱就上路了，不给自己太多犹豫的时间，因此并不一定会有旅伴愿意一同启程。

坐在候机室的时光也许会有些孤单，身边的乘客大多是约着三五好友或者两

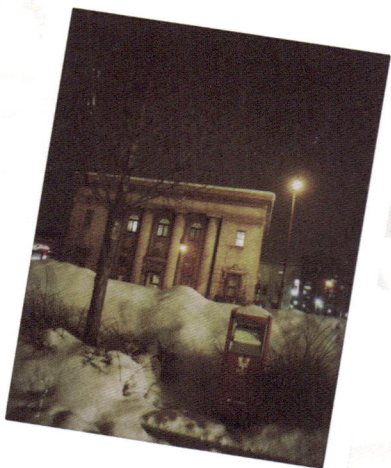

个情侣或者一家人出行的，看着别人有说有笑，而自己只能捧着本书、抱着电脑候机的时候，会觉得时间过得好慢。但上了飞机，找到自己座椅的那一刻又会兴奋起来，前方等待我的将是一趟怎样奇妙的旅程呢？我会遇见谁呢？

一个人旅行最不习惯的，就是感觉到周边人会在心里说："那个人是一个人在旅行呢！"

我并不是一个习惯与众不同的人，所以也不希望成为大家瞩目的焦点，当有人用异样的眼光看我时，我便会稍感不安，直到看见一个和自己一样孤身上路的旅人，才会很开心，潜意识觉得他就是同伴。希望一个人到处走走停停的我，也能带给其他孤身上路的旅人一样的亲切感。

我特别喜欢收集当地的明信片，尤其是钻进小巷中发现那一张张美丽的、奇怪的、可爱的、好笑的属于当地的明信片时，总是忍不住驻足观看许久。有时我会将一次成像照片制作成明信片，虽然比买一张麻烦许多，但那是全世界独一无二的明信片，而且相纸出来的质感更好。看着它们，我都能想象到朋友们收到明信片时候的幸福表情。

我喜欢去当地的邮局，享受在那里买邮票、贴邮票、将明信片亲自放进邮筒的满足感。如果邮局有写字台，我便会挑选一个舒适的位子坐下，一笔一画地在明信片背面仔细写上我想对朋友说的话。写我当时的感受，写我旅行中的奇遇，或者只是写一首当时正在听的歌词，写一句"亲爱的，你一直很孤单吧"，然后贴上邮票，寄给世界各地的朋友。这些朋友中有我的父母，他们是看着我长大的好朋友；有我的同学，很长时间都不见面却永远会放在心里不时思念的老朋友；有我的同事，总是陪我一起加班的伙伴；有我的读者，支持我并等着我写出更好作品的心灵朋友；还有，未来的自己，我会轻轻问候一声"收到这张明信片的你，还好吗"。如果邮局没有写字台，我会在大巴上、飞机上、火车上一边听着音乐一边写，到了另一个地方的邮局再将它们寄出。这样就仿佛正在和那些朋友们一同旅行。他们会从明信片的图案上感受到异域的风情，他们会从我的文字中分享到我思想中的某些碎片，他们会从我的笔迹中感受到我在写这张明信片时候的心情。

世界这么大，我们能遇见真的不容易，一路有你们陪伴真好。正因为有你们，才让我觉得即便是一个人在路上也并不孤单。

一个人的旅行中最迷人的，不是那些你所看见的，而是那些你看不见的。

与好友一起追赶新年第一缕阳光

有一年的新年前夕，我正好在墨尔本，但因为没有特意安排行程，于是一直在酒店待着。11:34 突然收到热气球公司曼迪的电话，电话那头的她兴奋地叫了起来：告诉你一个好消息，明早天气不错，我们可以与新年的第一缕阳光共同起飞！大约凌晨 4 点半，曼迪给我发来微信，说她已经到楼下了。我和佛丽匆忙披了件厚外套，小跑着进了电梯。在酒店大堂，第一次见到曼迪，是一位有着蓬松乌黑长发的中国女孩，笑得非常灿烂，对我说：我和老板凯夫一起来接你们。

白色的奔驰小面包车后的拖车上，放着一个挂着 Global 白色条幅的大竹筐，不用说，里面已经准备好了热气球。带着绿色帽子的凯夫用嘹亮的声音和大家开玩笑：今天是新年的第一天，我就与你们这帮想飞起来的家伙在一起了。接着，他说了许多注意事项，同时选出了几个身强力壮的助手，和他一起进行热气球升空前的准备工作。虽然我身材瘦小，但他还是问了问我，想不想与他们一起做这

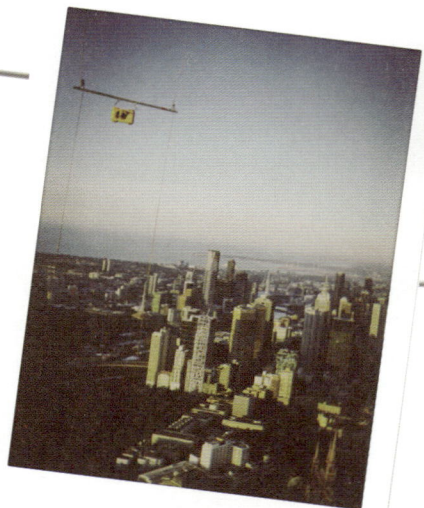

件伟大的准备工作，我当然愿意。佛丽也兴奋了，从我手中拿过富士一次成像相机，当鼓风机往巨大的气球内灌强风时，她立刻拍了下来，只见相纸中的我整张脸都被吹歪了。

慢慢地，我们看到干瘪的一摊布，渐渐鼓胀起来，像个才起床的孩子，歪着身子慢慢抬起了沉重的头。凯夫像个叫孩子起床的家长一样，用熊熊火苗催促着热气球宝宝鼓足精神，不仅把热气球宝宝的脸照得通红，也让我们这些乘坐热气球的人感到燥热难耐。火苗迅速照亮了伸手不见五指的天空。热气球带着我们缓缓起飞，穿着工装服的凯夫的助手在热气球下方对我们挥挥手，像是在告别，这样的动作在平坦的绿地上看起来有一种苍凉美。

此时，黎明的曙光已经逐渐出现，与我们的热气球一起升起来的，还有其他五六个热气球，虽然没有卡帕多奇亚那样几十个一起升空的盛况，但也非常漂亮了，它们像极了摇曳着身姿准备起舞的美人，又像是即将展翅的蝴蝶，在粉蓝的天空中轻盈又娇媚。

热气球升到了城市的上空，只见一排又一排的树木从我们眼前掠过，闪亮的玻璃之城也从平视成了俯视，飞跃体育场时，太阳终于冲出了天际线，非常刺眼地照射在站在竹筐中的我们。每个人都尖声喊起来：新年快乐（Happy New Year）！

当热气球落地时，日头已经高照，有人在河边跑步，有人在河里划着速度艇，黑天鹅伸长了脖子凑近蹲在河边的我和佛丽，想与这两个远道而来的陌生人打招呼。我随手摘了些野草喂它，不想它竟也吃了，同时另两只天鹅也向我们划了过来。阳光细细密密地铺洒在城市的玻璃建筑上，铺洒在碧蓝的河中，铺洒在绿油油的草垛上，也铺洒在了我们的脸上、身上，铺洒在一个个在天空中盘旋了一个小时又要进入休眠状态的热气球身上。佛丽轻轻在我的耳畔说：要不，我们就在这晨光中说再见吧。我虽然有些不舍，但也知道，已经到了告别的时刻了，但不必忧伤，不必难过，离别不就是为了将来更好地相遇吗？

新冠疫情期间，全世界朋友的心都在一起

2020 年，一场突如其来的新冠疫情打乱了我们所有人的工作和生活节奏，整个世界都在对抗疫情。对于一个一直在路上的人来说，突然无法在全世界旅行，让我倍加思念那些世界各地的朋友们，于是我开始和全世界的朋友视频通话。

拨通印度朋友赛亚的视频电话后，他的一张大脸占满了整个电脑屏幕。我问他：你还好吗？他说：还好，天天就是吃饭、睡觉，也没别的事。然后他叹了一口气，长长的，重重的。

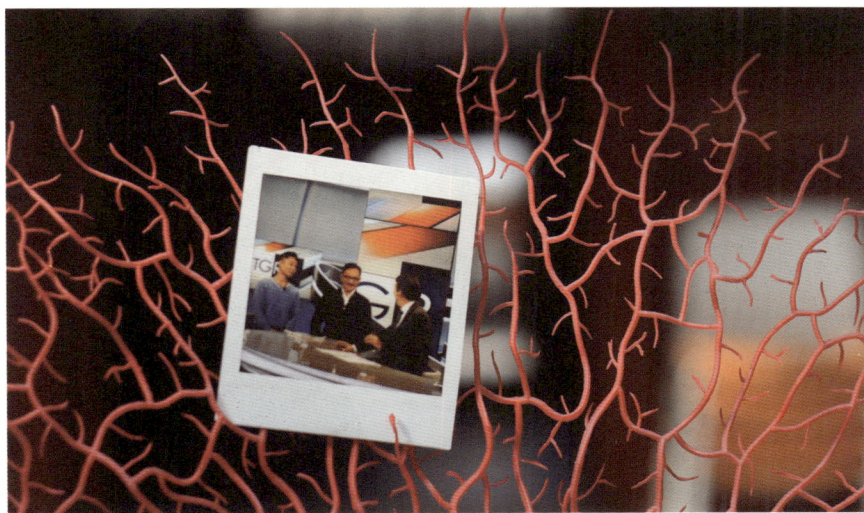

在经历疫情的这几个月，听了太多的叹气声，而我也叹了太多的气。

当英国的朋友李琛表示她旅行社的生意今年全部暂停，没有了任何收入时，我的心是突然一揪的。

日本的好朋友软软，刚从东京到大阪，就遇上了东京限制出入，而且她的留学生签证也即将到期，却因为这场疫情而没办法续签，听到这个消息时，我的心是突然一揪的。

因为工作原因而去了卢旺达的好友阿恩，才落地没两天，就因为国际航班全部停飞而回不来。当我和她视频通话时，她一个人说了好久好久，和我介绍她的同住者，让我看她的花园和狗，还给我规划了一份详细的卢旺达旅游攻略，虽然她自己都没去过。我知道她需要和人说说话，和朋友聊聊天，哪怕只是没有什么意义的话，至少让她知道有人在关心着她。我的心是突然一揪的。

这些朋友叫我不用担心他们，一边笑着揣测着疫情应该就要过去了吧，一边

又皱着眉头说他们已经做好了长期的准备。他们给我看阳光明媚，但无意间总会流露出一些担忧。他们努力把这种担忧从我们视频的镜头中隐去，却让我更加揪心。

  但在与各地朋友视频的时候，我也发现了许多暖心的事，它们就像和煦的风，在世界各处吹拂。

意大利的好朋友里开心地说拐点到了，感染人数控制住了，超市物品供应也充足了，意大利人又恢复了对美食的追求。

英国的露西每次出门都多带一些口罩，她说路人总会注视戴口罩的人，不是因为歧视，而是他们想询问哪里可以买到口罩，所以她会多准备几个以便随时可以送给他们。

泰国的未超是家有名的泰拳冠军训练馆的老板，疫情迫使他不得不暂停营业，虽然不能工作，但也因此可以和妻子与三个不到七岁爱闹腾的孩子们一起度过漫长的半个月，他说疫情让他更加喜爱孩子了，这是来之不易的时间，让他非常珍惜和家人在一起的这段时光。

也许疫情来势汹汹让我们措手不及，但全世界都在携手抗疫，我们不惧怕、不恐惧，我们站起来一起抗击疫情。许多个平凡的我们，尽力去做好每一件平凡的事，过好平凡的每一天。一件又一件平凡的事，一天又一天平凡的日子，展现出的是我们人类的不平凡。相信自己，我们一定可以挺过去，一切都会好起来的。

作者名称：神威　　　　　　　　　　　　　　作者职业：作家
产品型号：instax SQUARE SQ20、mini Link　　所用时长：3 年半

乘风破浪的那些日子

二

　　"叮……15 楼到了！" 熟悉又冰冷的声音提醒我今天的工作结束了。拖着疲惫的身子走出电梯，面对昏暗的走廊，孤独感瞬间袭来。推开家门，窗外的蝉鸣声伴着一阵阵热浪袭来，让人闷得喘不过气。瘫坐在沙发上，加湿器里弥漫出混着精油香味的雾气，这股子黏腻让我的思绪突然飘回到去年武汉的那个夏天。就像是一场梦，每次回忆至此，心情便不断上下起伏。那个时候，尚且稚嫩的我，在一条充满未知的道路上，满怀期待地迈出了第一步。在反反复复的初试、复试、终试的循环中，就好像坐在过山车上，从兴奋地跳脚到失落地流泪，有时仅需短短十分钟。有人说，练习生这个身份就像坐上了没有按键的电梯，你永远都不知道你的努力哪一天会被别人看到。那时我的手机壳背面一直存放着一张用 instax

拍摄的我与经纪人、老板、小伙伴的合照，每一次看到这张照片，就会回忆起最

初的那份真挚和勇气，特别是在面试最紧张的时候，看到这张照片就会觉得心安。

最后当看到节目组发来的面试通过的消息时，那一刻，身边的老板、经纪人、老

师都抱着我痛哭，那是我回忆里最美好的一天，因为在这一趟电梯开门的时候，

我终于站上了舞台，我的梦想也终于成了现实。每当回想起这一刻，我都会取下

手机壳，拿出夹在里面的那张照片，看着照片里的人，一股暖流就在心间流淌。

现在刚来北京的我，虽然还没有适应这里干燥的天气，但已经拥有了没有你们在

身边仍然可以独自面对这钢筋森林的勇气。

　　不管过多久，每当我翻开相册，看到曾经一起奋斗过的兄弟们，都能回想起在青岛的海边，一群怀揣着同样梦想的男孩们，面对着一望无际的大海，用尽全身力气喊出"赤子之心，乘风破浪"。那个时候的我们，手捧着一颗颗赤诚的真心，拿出所有的勇气和希望，准备好要跟这个世界说声"你好，请多关照"。

　　青岛的冬天有着冰冷的寒风，但是当有梦想的人相聚在一起时，所有的寒冷都会被热情驱散。随着比赛的推进，自卑、胆怯经常会将我包围，我就好像是在森林中走失的麋鹿，无助和恐惧随时都会将我吞没，甚至快要失去最初的勇气。直到我遇到了我的开心果们，一提到"开心果"这三个字，耳边立刻响起了他们"杠铃"般的笑声。想想那时，大家在没有零食、没有手机，甚至没有一切娱乐设施的情况下，总能想方设法地找到不同的乐子：那时候我住在远离大通铺的玻璃房，那里是我们的秘密基地之一，每当训练结束，大家都会聚在这里，或分享或吐槽。我们都在 C 班，每天一起戴麦、一起上舞蹈课，躲在楼道偷偷分享辣条、可乐，一起去楼顶呼吸新鲜空气，用 instax 拍摄好看的照片贴在寝室的床边，看着远处山上"东方影都"四个大字发呆，不约而同地感叹：好想出去吃一顿火锅！第一次公演上台之前，大家既紧张又期待，会彼此羡慕对方的衣服，也会互相帮忙整理对方的妆发细节，并为对方加油打气。丢掉对电子设备的依赖后，才发现人与人之间的交流不是对话框里的你一句我一句，而是面对面的真正的关心。

人们总想要留住身边的每一份美好，我选择用照片的方式来锁住这些来之不易的幸福。其实，照片存在的意义或许就是在每一次迷茫的时候，提醒自己，你并不孤单。

作者名称：乔君武 Lilwood　　作者职业：练习生
产品型号：instax mini 8、mini 11　所用时长：2 年

双城生活

二

在最美好的年纪，我和你成了最好的朋友。学生时代，我们彼此相伴，彼此笑闹，彼此哭诉。有你在的地方就有我，有我在的地方就有你，恨不得一天二十四个小时都在一起。十几年过去了，我们因为各自的选择，生活在了不同的城市，身边的一切也在慢慢地发生着变化。我们有了新的工作，我们认识了新的朋友，我们的生活迈入了新的阶段。你虽然不在我身边，但依然熟知我的一切。我虽然不能时刻陪伴在你身边，但依然关注着你的一切。

曾经我们用书信往来，现如今更多的是用互联网来联系，但我们更希望用特别的方式来记录彼此间的美好回忆。某一天，我们约定好记录一天中的细碎，彼此交换，彼此问候。那些不同和相同就是我们之间真实的模样。

北京

"早安!"

西安

"早呀!"

北京

"今天的拍摄工作即将开始啦,加油!"

西安

"元气满满的一天,开始工作。"

北京

西安

"北京刚下过一场雨，从冰箱里拿出自己做的冰糖黄桃，下次见面一定给你尝尝。"

"今天在路边偶遇了一个有趣的摊位，与远方的你干杯。"

北京

西安

"永远在长肉的我，永远在健身。"

"保持最好的状态，一起加油！"

作者名称：刘畅 + 刘晓佳　　作者职业：摄影师 + 幼儿教育创业者
产品型号：instax 全系列　　所用时长：16 年

两年同桌，三年回忆

二

　　小时候总爱幻想，会不会有那么一天，物品也拥有了自己的生命，它们会大口呼吸，会开口说话，会眨巴大眼睛，会用力地挥动手臂。如果真的有那么一天，我很想和我的相机 instax 聊聊天，和它聊聊，从 17 岁到 20 岁，从高中到大学，我和我的同桌之间的故事。

　　我和她因为入学时个头差不多而被老师安排为同桌，这么一坐就是三年。那时候我的同桌每天都要不厌其烦地听我讲各种事情。我喜欢和她说话，喜欢有什么事情都告诉她，她总是耐着性子听我讲。

　　那时候的我喜欢摄影，总是跟她聊一些这方面的话题。因为当时我拥有一款 mini 90 的相机，我最常说的就是关于它的拍摄技巧和摄影想法。比如，双重曝光

就是说我们可以在一个画面里出现两个自己；B门模式可以拍夜晚的街道，这样就能拍出灯光下车水马龙的流光剪影；这个微距可以拍眼睛……我滔滔不绝地跟她讲着，使得她也很心动，于是我们相约晚自习后，去马路的街头拍一些好看的照片。拍摄前我俩都自信满满地说我们不需要三脚架帮忙，我们手很稳，一定能控制住。拍完后，两人看着一张又一张失败的废片，彼此大眼瞪小眼，又气又笑。很快到了高考倒计时100天，我们趁着下课间隙去100天倒计时牌处拍照，每次看那张照片，都会被那时我们脸上的表情打动——洋溢着对美好未来的憧憬。原本枯燥的高三生活，因为有了同桌而变得生动又有趣。之后，我们一起经历了很多难忘的瞬间，出现在对方18岁的生日派对上，出现在高中热泪盈眶的毕业典礼上……在我看来，我的青春岁月里因为一直有她在身边而格外开心。

高中三年的时光里里，同桌陪伴我度过了许多个重要的日子，陪我去过不同的城市，陪我见过南北方四季的风景。漫漫岁月，有她站在我身边，冲我弯着眼眯眯笑，我就很安心，记忆也连着笑容一起被定格。

　　时光就像有魔法一样，可以从过往的岁月里裁剪出一个个碎片，然后将它细细编织起来，成为一串串故事。让我们的笑容、我们的回忆，留在那熠熠生辉的青春岁月里。

　　每次翻开相册，我俩的一张张相纸就像秋日的漫天落叶，它们会随着风或盘旋或飞舞，从高空烁烁落下，落在肩头，落在脚边，像一场浪漫的金色落叶雨，像一场缤纷的回忆雨，窸窸窣窣，密密匝匝，又像一个炽热的拥抱将人搂入怀中。

　　上大学以后，我和同桌去了不同的城市。因为学业的关系，彼此在一起玩的机会越来越少。每年我都会给在南方的她寄一张初雪的照片，在每个特殊的节日

寄礼物时也会顺带寄几张照片给她。因为我相信她和我一样，在某些时刻，看着一张张照片，会想起我们的故事，也会想到远方的彼此，也会想起那些缤纷的回忆，哪怕相距甚远也并未感到疏远。

　　关于我们的故事，未完待续。

作者名称：邹琬云　　　　　　　作者职业：学生
产品型号：instax mini 90、WIDE 300　　所用时长：3 年

第四章

生活可以
很精彩
————————
关于生活
方式

我　　们　　之　　间　　是　　来　　真　　的

我是这个世界的记录者

二

当陌生人询问我做什么工作的时候，我常常会告诉他们，我是这个世界的记录者。

工作第一年，我成了一名电影记者。日常工作就是用光影和文字记录电影的片段。尽管我是学导演出身的，但我很快意识到自己的性格并不适合成为一名导演。所以我转而开始记录世界，一如电影是用光影来创造世界。

对电影的喜爱，最早可以追溯到我的幼时。每看一部电影，都好像置身于一个奇幻的小世界中。在那个虚构的世界里，我经历着不曾经历过的人生，随着剧情的发展，感动、哀伤，抑或开怀……

2008 年在夏威夷电影节上。

2009 年采访完后在电影院留影。

　　犹记得朱塞佩·托纳多雷的《天堂电影院》里面，主角对电影的那份执着，他在追逐电影的道路上发生的点点滴滴都让人印象深刻，最受启发的便是艾弗瑞多的那句话："生活不是电影，生活比电影更艰难。如果你不出去走走，你会以为这就是全世界。"

　　电影总有起承转合，电影里的主角总会有属于他们的"高光时刻"，这叫人兴奋的一切让我仿佛进入了另一个世界，感受着另一个世界的欢喜悲哀，仿佛自己也得到了世界的嘉奖。这种穿越时间与空间的玄妙感，让我对光影的神奇力量情有独钟，我畅想着将来有一天能够记录属于自己的光影世界，所以我总会随身带着富士拍立得相机。

和闺蜜看完首映之后合影一张。

悉数那些被收藏起来的相片，每一张都是一段令人回想起来仍觉得兴奋的回忆。拍立得相机独有的相片质感和光影效果，让岁月里的时光变得静谧悠长，看着那些画面，似乎回忆都带着悠悠时光的香气。

曾经与喜欢的导演莱奥·卡拉克斯（Leos Carax）一起合影，还记得当初采访他时问了哪些问题，他的电影中有哪些令我感动、印象深刻的瞬间。看见那张相片，就好像扯住了回忆的一根线头，一拉就是一连串珍贵的记忆。

电影是我生命里割舍不掉的一部分。富士拍立得也为我记下了属于我的光影世界。一台小小的机器里，装下了我对电影的梦想，对职业的追求，以及对生活的热爱。我将这些美好的记忆悉数封存在相片里，留待日后细细品味。

旅行的时候，我也会和密友一起打卡，见识不同的广阔天空。每一段回忆、每个特别时刻的心情，都能被捕捉下来。它们是我自由、随性的生活态度，更是我珍贵回忆的见证。

作为一个世界的记录者，未来我会继续记录这个世界，记录我热爱的一切。

作者名称：俞璐 Menthae　　作者职业：时尚及生活方式博主
产品型号：instax mini HELLO KITTY、mini 7S　　所用时长：11 年

你好，四季

二

或许，喜爱摄影的人都是比较谨慎且贪心的吧，他们会耐着性子用眼睛反复寻找完美的画面，他们也享受成像之后的片刻喜悦。我喜欢旅行，喜欢在路上的感觉；喜欢摄影，喜欢用镜头来观察这个世界；喜欢一次成像的感觉，喜欢用相纸来留住那些美好的景和美好的人。

沪上春

飞机降落在浦东机场时已是夜里，我在半空中已经稍微领略到了这座城市的繁华，那年春末是我第一次来到魔都上海，为了探望一位好友 L。这次旅程稍短，L 索性带我去了几个地标性的地方打卡。美轮美奂的三座商厦、傲然矗立的东方明

珠、令人神往的黄浦江，每一个都让我流连忘返。春天的上海依然有点冷，但没有半点萧瑟的感觉，这个城市川流不息的人群、路边的树木，已悄然出现了春意盎然的情趣。L陪着我边逛边吃，让我在最短的时间内感受到了沪上春的魅力。也许，让我觉得美好的不是这些景，而是陪伴在我身边的友人。

青城夏

"拜水都江堰，问道青城山"是著名学者余秋雨先生的感慨，更是大部分蜀人的心声。夏天游青城山、都江堰可谓美事一桩！当然，为消暑气，觅水行至青

城山也是不错的选择。一个夏天，我和家人们一起去青城后山的某亲水农庄避暑。我们点上几盅清茶品一品，将自带的地瓜、西瓜放入清澈的河水里冰一冰，再怡然自得地躺在小竹筏上，听虫鸣、树吟，看鱼游、鸟飞，暑意退散，好不自在！也许，是孩子的笑声、父母的唠叨声、同龄兄妹的玩笑声成就了我记忆中最美的夏天。

长白秋

22 岁那年，我自认为做了很多有意思的事，和三位好友穷游长白山算是其中一件。长白山的秋景是真的引人入胜，但是爬上山顶看天池也是真的很冷！身体不适，衣着不够厚的我，在同行三位友人的帮助下也成功地爬上了山。我们运气很好，居然看到了天池的真面貌，据说很多人多次来此地都不见得能看到它的真颜。冻懵的我不忘找好角度，拿出贴着暖宝宝的富士拍立得迅速按下快门，然后将它缓缓吐出的三寸照片飞快地捂进了衣服里——受气温影响，这张照片几乎半小时才完全显影，也算是"有惊无险"。天池宛若仙境，在看到它的那一刻，觉得前面有再多辛苦也都值得了。人生何尝不是如此，在面对困难时，不退缩，再坚持一下，也许在收获成功的那一刻，你会觉得那些困难也成了一种美好的经历。

大连冬

　　大学四年都是在大连度过的，虽然不在市区，但对这座城市也有别样的情怀。那年冬天学校已经放假，我留在大连市区继续完成一个课程。我清楚地记得那天心情欠佳，于是就约上一位本地的好友去一家山顶咖啡厅观夜景。其实我觉得挺神奇，这个小山坡不算太高，却能将大半个大连的风景尽收眼底。望着夕阳西下、华灯初上，郁闷的情绪似乎随之慢慢消散了。有时候想想，也真是神奇，只是这万家灯火便可以让人瞬间安心。有时候真的不必局限在自己的小世界中，走出来看看，宽广的世界会让人心胸开阔起来。

　　于我而言，这些生活中的故事就散落在年复一年又年年常新的四季中。用心生活，感受季节变化，大自然赋予的每一份美都值得我们去欣赏。

作者名称：周可佳　　　作者职业：脱产考研
产品型号：instax mini 90　　所用时长：3 年

属于我们的珍贵记忆

2016 年的春天，是我到广州读研的第一年，和我同一年进入医院进行规培的都是同龄人，虽然大家平时都很忙碌，但依然激情十足，我们七八个女孩子就约着周末去香港玩。天可和汶羽是香港人，自然成为我们的向导。虽然之后的几年我又去过香港很多次，但这一次是最难忘的一次。

我没有准备港币，没有买 wifi，也没有八达通，就带了张港澳通行证，周五下了班直接去学校门口上了个班车。之后的两天我什么都没规划就跟着她们出门了，天可带着我们坐地铁、巴士、游轮，帮我们买票、买吃的、分硬币，我不会讲粤语，就拿着富士拍立得不停地拍照，第一次来总觉得哪里都新鲜，想让相机记录下每一处风景、每一处人文景观。也因为有我信赖的人在身边帮忙安排一切，我可以什么都不用想，只是尽情游玩即可。

晚上我们游完维多利亚港，又在凌晨跑去大排档吃夜宵，这也许就是一群志同道合的人一起旅行的乐趣。我们可以一起不停地拍照，一起研究什么样的美图

维多利亚港的美景。

好看；可以大半夜一起去胡吃海塞，而不去想减肥的事；可以一起睡在一个大屋里彻夜畅谈，一边吐槽着现状，一边憧憬着未来。

　　过了一个月我们又相约一起去了趟澳门，依然肆意地玩耍、放心地吃喝、随意地拍照，快乐得跟个孩子似的。

　　现在四五年过去了，大家都毕业进入不同的医院，只有我还留在本校。而且每个人的生活也有了不同的变化，有的结婚了，有的生了宝宝，似乎再聚到一起这样放肆地玩乐是一件很难的事情了。但每每回忆起来，那些日子都是明媚的、快乐的、难忘的。也许，我难以忘却的不是那些美景，而是那一群人、那一段时光。

把照片夹成一排挂起来。

作者名称：齐娜 Zina   作者职业：医生
产品型号：instax mini 8   所用时长：5 年

独自去旅行

二

那年我大二，第一次独自旅行，目的地是香港。我带着一些随身物品，来了一次说走就走的旅行。

从漳州坐了三个小时动车到深圳北站，一路上转地铁、打的士，终于到了我预定的酒店。虽然满身疲倦，但为自己踏出的每一步感到动容。简单收拾了行李，看了攻略，查了资料，用 instax 拍下了自己的大头照。

第二天凌晨 4∶40 起床，刷完牙，穿上衣服。天还没亮就出门了，但是街道却出奇的热闹，在大排档喝酒的年轻人，摊点上吃早点的上班族，为一天劳作做准备的卖菜阿姨……我骑着小黄车穿梭在这条漆黑的街道上。到达布吉站后，我要从这里换乘到罗湖口岸过边检。一路上，各种腔调的粤语传入耳中，好听，但

我
们
之
间
是
来
真
的

是听不懂。我要去的第一站就是石澳，周星驰的电影《喜剧之王》中的经典场景"我养你啊"这一幕就是在石澳拍摄的。在路上我小睡了一会儿，醒来已经快到了。下了车，太阳很刺眼，马上看到一座座不高的民宅，奇特的是，这些民宅有各种颜色，黄色、粉色、绿色，等等。我沿着这些房子一路走下去。

渐渐走到了海滩，即使已经中午十一点多了，还是有很多人在海滩上玩，我猜那天有一些学校的聚会，很多学生在露天烤肉、打排球、冲浪，还有很多人在进行日光浴。我第一次发现，石澳的海水竟然是果酱绿色的！

随后，我信步走来，进入了很多巷子中。石澳的这些巷子让人莫名觉得安心。那些彩色的墙面，安静的氛围，与外面的热闹截然不同，在这里，我可以慢下脚步，没有目的地随便游走，也可以坐在这里随便发呆，这是个放空自己的好地方。

到了要启程回去的时刻，我坐在路面上，留下自己灿烂的笑容，算是对自己旅行的一个留念。

这就是我和香港的故事！一个人旅行也是一种生活态度，我独自出发，独自走在路上，对自己重新思考，对过去进行告别，对未来满怀期待。我们在热闹的都市中生活太久，偶尔会迷失自己。我们走得太快，也许来不及思考，偶尔放空自己，给自己按下暂停键，就能够更好地出发！

作者名称：郭豫杰　　　作者职业：自由职业
产品型号：instax mini 7S　所用时长：2 年

有仪式感的生活

二

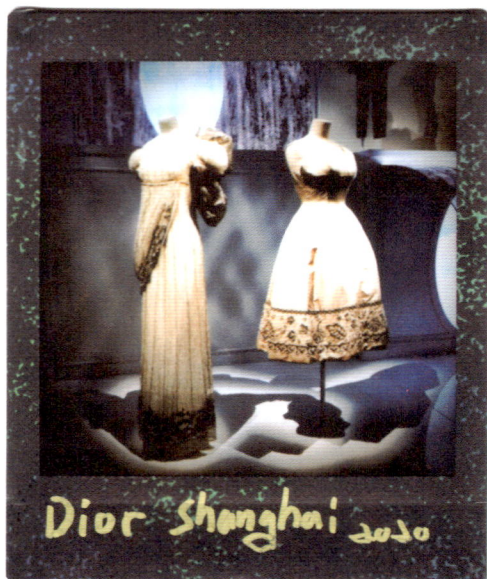

Dior Shanghai 2020

　　在我看来，平淡的生活中可以适当加入一些有小小仪式感的事情，旅行、摄影、观展都是调节生活的很好方式，既可以让我们提高艺术修养，又可以缓解平时工作和生活中的压力。我是一个平时喜欢看时尚展览的人，自从今年爆发新冠疫情以来，很多展览都延期举行或者直接停办了，对我来说确实少了很多乐趣。好在疫情缓解之后，上海开办了第一个时尚大展，即龙美术馆举行的《克里斯汀 迪奥 梦之设计师》（Christian Dior Designer Of Dreams）。这个展览也是 2017 年在法国巴黎巡展后，第一次来到中国。其实在疫情中，无论哪个行业的人心境都有所变化，在疫情之前，我可能会说摄影是一种记录，是一种分享方式，然而在 2020 年，我想它更多的是承载一种有仪式感的生活态度，无论我们过去走过何种道路，遇见过

2017.8.1   龙美术馆
            《展望》

图片来自 2017 年上海龙美术馆展出的《展望》。

相片中金属的质感十分饱满，在探索中发现，使用滤
镜能让我们发现艺术这个多棱镜的更多形态。

哪些人，经历过哪些事，这一切都不会是徒劳。就如同一次成像一般，即便相纸
吐出的那一刻，与我们的期待有所区别，可是这一刻的仪式感将永存我们的心底。

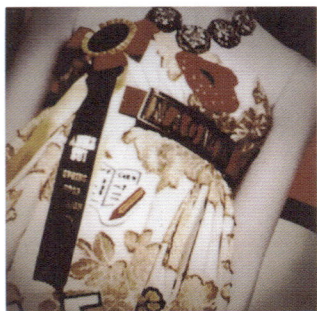

Anna Sui 2020.6.11

图片来自 2020 年上海艺仓美术馆展出的
《安娜苏的异想世界》。

2018.3.11 Shun Art Gallery
Maiko Kobayashi

图片来自 2018 年上海熏依社画廊展出
的《小林麻衣子：可爱的哲学》。

　　1:1 的经典比例让构图变得随心所欲，那份可爱与坚强就逗留在我们手心的温度里，若他日打开，又将是一段别样的回忆。

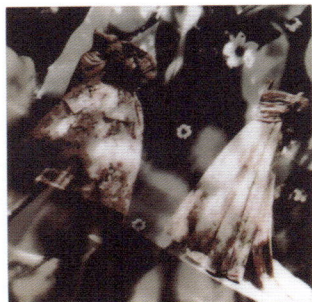

Christian Dior Designer Of dreams
龙美术馆 2020.7.29

图片来自 2020 年上海龙美术馆展出的
《克里斯汀 迪奥 梦之设计师》。

Shanghai PSA
2018.9.15 《Hon》

图片来自 2018 年上海当代艺术博物馆
展出的《Hon》。

　　对于艺术的再次建构也是欣赏的另一种方式，就在重塑中蜕变，在建构中绽放。

FUJIFILM
instax
一次成像

FUJIFILM
instax
一次成像

苗苗爱玩扣

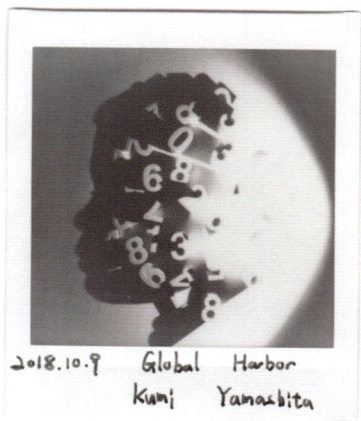

图片来自 2018 年上海环球港展出的
《山下工美：浮光掠影》。

黑白光影，浮光掠影，都让人如痴如醉。找寻一个起点，放飞心中的坚硬与柔软，穿梭于次元之中。

图片来自 2018 年南京博物院展出的
《穆夏：新艺术运动瑰宝》。

黄道十二宫里的春华秋实，365 天都明艳动人，就在方形的画框中展开翅膀，那些吉光片羽终会化腐朽为神奇。

作者名称：时晨　　　　　作者职业：幼儿园老师、设计美学博主
产品型号：instax 全系列　所用时长：8 年

第五章

你所不知
道的技巧
————————

关于记录
与摄影

相遇

二

    当高考结束之后，我去书店打了半个月的工，那个时候的我怎么也不会想到，十年后的自己，又一次来书店打工了。

    在机缘巧合下，我在微博看到了刚刚发布不久的多抓鱼快闪书店的兼职招募，作为其真爱粉，因心向往之，果断就申请了。

    作为博主，从事自由职业以来都是自己一个人做所有决定，日程、工作事务、社交、放空……而打工则可以由雇主来安排这些，掌握必须完成的工作内容之后，只要按照要求执行即可，对我来说，这也是另一种意义上的放松。

    在进行开业前的培训时，和"施工中"书店见了第一面，瞬间就爱上了这种感觉——从概念上来说，这里确实在"施工中"，墙壁上的木板被拆开，裸露着墨线和钉痕，地面上的瓷砖还未被全拆除，就连收银台也是木架搭起来的。随处可见猫猫头标志的喷涂，就连模板也被作为装饰品，点缀在拍照区的一角。一直以来都对书店饱含热爱，尤其喜欢处于书籍环绕的环境中，无论视觉上整齐的书

脊排列，还是嗅觉上纸张油墨散发的特殊气息，都让我安心。这里的书籍大多被前一位主人爱惜得很好，静静地陈列在书架上，等待着与新的灵魂邂逅和共鸣。

　　我的工作是将书籍摆放整齐并随时将空缺补上，客人浏览选书的时候，我则静静地隐入角落中，漫不经心地观察着他们。爱书的人一走进这个空间，两眼是放光的，驻足书籍海洋之中，偶尔拾得一二珍宝，捧住就一头扎了进去。这一刻，读书人如同进入了新的时间线，在头顶射灯的照射下，细小尘埃缠绕升腾，交织出形形色色的剧场。这厢是德川氏与丰臣氏的战火，那厢是可可香奈儿指尖的云雾，几十分钟历尽人生百态，阅读才是最现实的穿越情节。

将目光回归现实世界，不少朋友结伴前来，从幼儿园的两小无猜互相给对方分享绘本，到银发伉俪默契地找到对方喜欢的作家，甚至有父子兵或母女团，各有斩获，各自欢欣。也偶遇过手账使用者兴奋不已地买走与手账相关的书籍，我和同是手账党的兼职小伙伴交换眼色，暗自窃喜，说明手账依然有很多热爱者。

自己的手账集市一直搁置着，半年左右都没有与顾客面对面沟通，即使是内向的人，独处积蓄的能量也快喷涌而出，大声地呼喊着要脱离社会的不安。随后去支援收银的工作，能和爱书的陌生人短暂对话，看着一本本书被珍爱着抱走，心里感受到莫大的欣慰。

从某种角度讲，每个人都是一本书，有一些有幸出版，有一些在亲友和自己的记忆中长存。我是一本什么样的书，以后又会与什么样的书相遇，想一想就充满了期待。

作者名称：主编君　　　　　　　　　　　　作者职业：自由职业
产品型号：instax mini Link、mini HELLO KITTY　所用时长：6 年

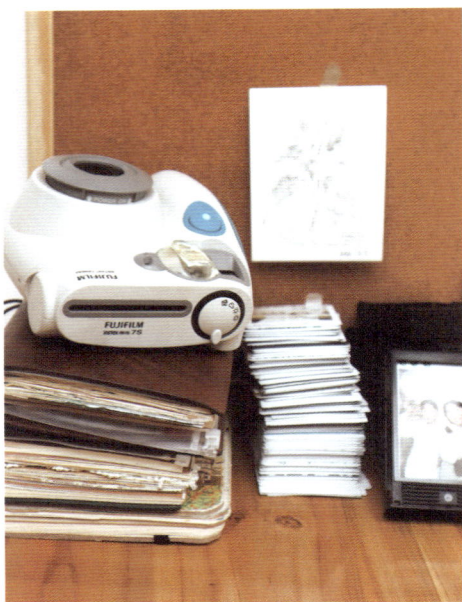

每个重要的日子
都值得被记住

我一直都认为记录是件很有魅力的事。小时候觉得日子无比漫长，似乎一天二十个四小时怎么都过不完，而长大之后发现，日子快得抓都抓不住。有时候一个月过去了，回想这一个月的事情，似乎快乐悲喜都很模糊，说不上来两三件记忆深刻的事。所以我时常喜欢用"拍一次成像照片、写手账"这两个属于我的方式去记录，去用心讲述在这个大大世界里生活在小小角落的快乐女孩的故事。

那么，欢迎你来到我的这颗小小星球参观。

做手账少不了一个重要的工具——富士 instax mini 7S，正因为有了它，才让我的手账生动形象了很多。重要的时刻用相机拍摄下来，而心里的悄悄话写进手账里，它承载着我那些快乐的时光，也记录着我那些忧伤的时刻，每每翻看，都能让我的记忆再次鲜活起来。也许，物件只是一个载体，我之所以这么痴迷，

是想把更多时光抓在手里，让自己的每一天都过得更有意义。

　　我会把每个重要的日子写进手账，然后加一两张照片，有时候也会手绘一些图案上去，做出来之后自己爱不释手。2018 年的新年，受电视剧《欢乐颂》的影响，还没放假时就想，回老家之后一定要把好朋友们聚起来吃火锅。在冬天寒冷的天气下，暖暖地吃着火锅，天南海北地聊着天，该是多惬意的一件事。我们的一张张笑脸，都是见到朋友后发自内心流露出来的，不管我们相隔多远，只要见面，

就还是无话不谈。希望我身边的这些女孩子都顺利毕业，找到好工作，好好热爱生活。

每年暑假，我们几个姐妹都必约在一起，一起聊八卦、一起聊学校的趣事，而后一起做手账，这样的时光真的太治愈了。

2020 年年初，一场突如其来的新冠疫情让我们每个人都措手不及，好在春天来了，我和闺蜜相约一起去探寻属于春天的手账。很意外地看到了杏花、桃花争相斗艳，两个在家里闷了很久的人兴奋极了。不管疫情带给我们多漫长的寒冬，不管病魔让我们减少多少接触时间，但我们都相信，春天终将来到，而在我们全民一起抗疫的情况下，现在已慢慢恢复到正常状态。朋友，我们终于可以相拥在一起，畅然享受春天的阳光。

恰逢大四，对未来充满了迷茫，不知道未来会是什么样子。心里暗戳戳地为

未来做了些不成熟的规划，写在手账上，记录一下内心的一个小小十字路口，希望毕业时可以在这个基础上做好选择。每个阶段都有我们纠结、矛盾的事情，有时候确实不知道该如何做决定时，不妨先放一放，让自己放空一下，而后再做抉择。

人生会面临很多难题，也会在十字路口徘徊，但我们有朋友、有家人，这已足够我们克服种种困难，做出属于我们自己的正确选择。

作者名称：椰绒几　　　　作者职业：大三学生
产品型号：instax mini 7S　　所用时长：3 年

你需要的玩机技巧

二

　　我之前做过五年咖啡师，当时就喜欢用一次成像去记录店铺的变化和一些有趣的客人。现在转行开始做全职摄影师，主要拍摄产品和美食，日常生活中也经常会给朋友拍照，对于这三个领域都有涉及，于是总结了一些自己的经验与技巧。

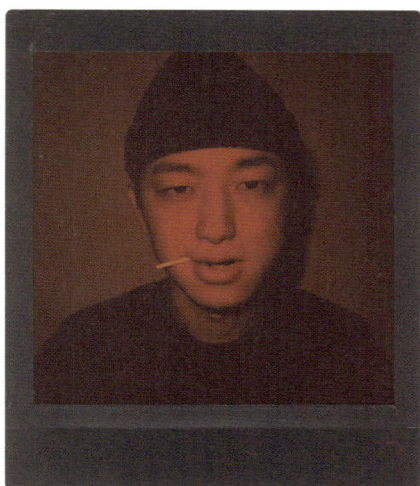

　　用红色闪光灯附件和最近对焦距离的组合方式，可以拍出暗黑高级感。需要注意的是整体拍摄环境越暗，闪光灯拍摄出来的效果越好。

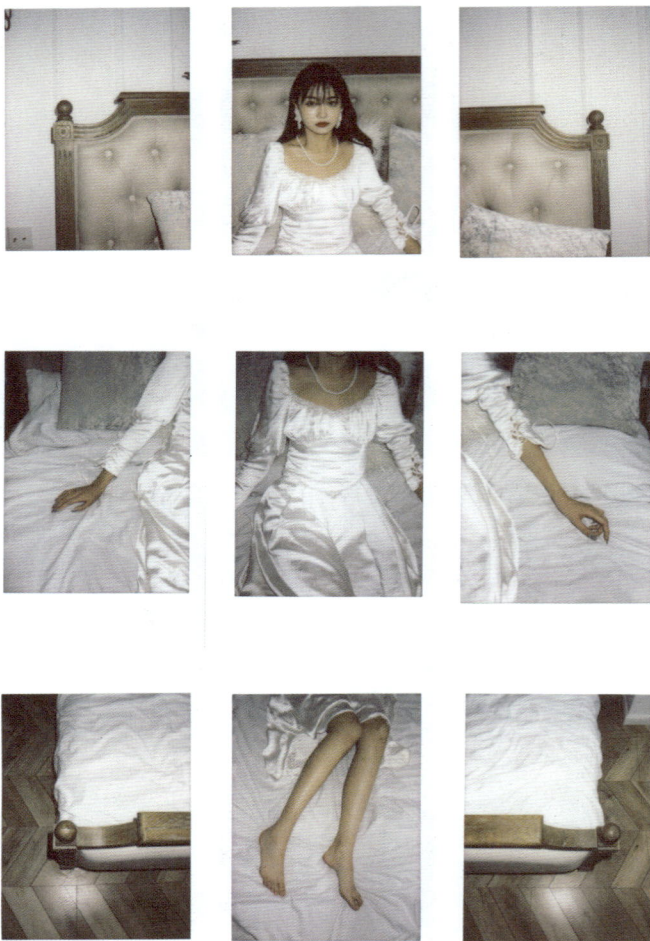

　　用拼接的方式，可以拍出高级的人像。当时受 TenGuSan 老师的作品启发，在拍摄一组人像时突发奇想拍摄了这么一组照片，它的难点就是你需要相对精确地记住每个小块的构图和后期整体大概的感觉。

用双重曝光和霓虹灯组合的方式，可以拍出虚幻的科技感。双重曝光的首次拍摄对象应选择霓虹灯，二次出成片的拍摄对象选择人物，就会出现非常有科技感的照片。需要注意的是，只有记住霓虹灯拍摄的构图空隙，才能让人物更好地出现在画面里。

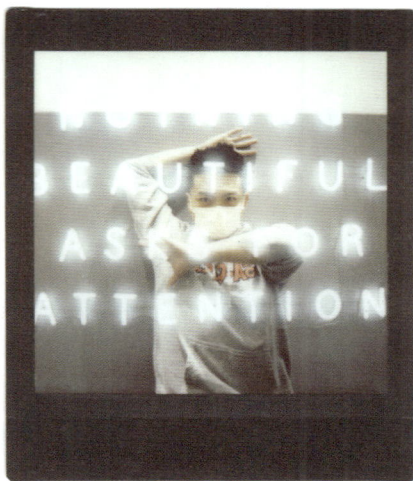

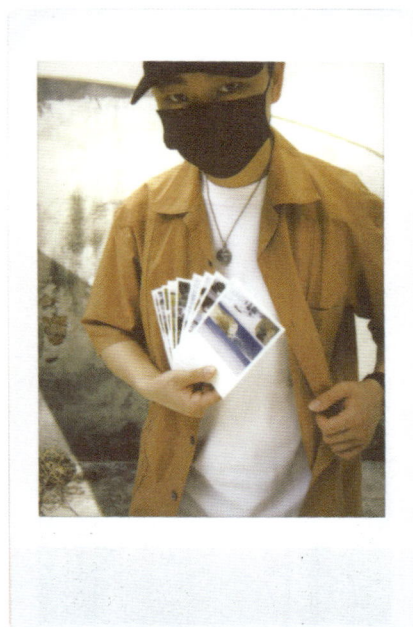

作者名称：於良柏　　　　　　　　　作者职业：摄影师
产品型号：instax SQUARE SQ6、mini 90　　所用时长：4 年

玩转拍摄

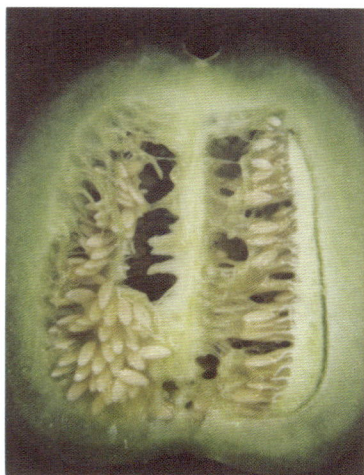

　　微距是现在常用的一种拍摄技巧，通常可以使用微距镜头，这样细节会表现得更丰富，就让这组微距水果照为夏天画上完美句号吧。

RED LIPS

涂鸦是拍摄完成后继续进行创作的一种方式。在日常拍摄中，可能会产生一些不那么完美的废片，此时可以用油性画笔对照片进行小小的改造，这样就能"变废为宝"，当然涂鸦也可以用在本身就不错的照片上，能够起到锦上添花的作用。

多重曝光能很好地表现艺术。多重曝光这个功能如果能好好利用起来，可以拍摄出很棒的照片。比较简单粗暴的方式就是先用 D 档拍一张逆光剪影，然后再拍一张暗一点的街景或者花丛，或者也可以尝试微距＋半身人像的重曝组合。

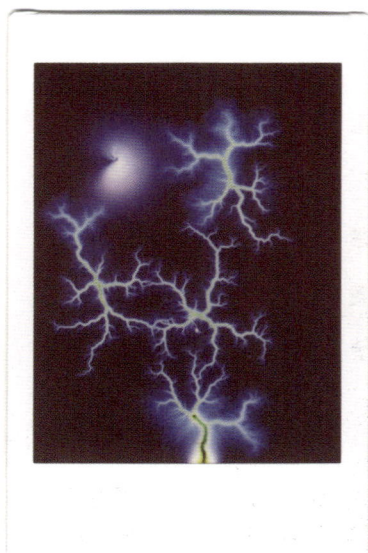

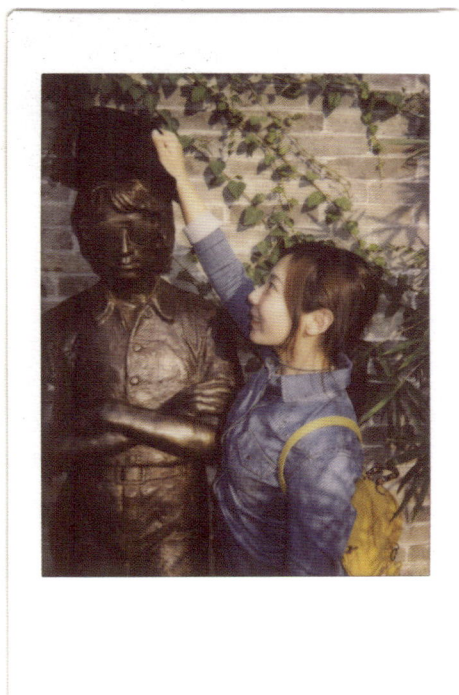

　　捕捉"闪电"可以出现很好的艺术效果。从打火机中拆出一个小的发电器，然后在黑暗的环境中从相机内取出一张纸，用发电器电击相纸感光面，再将相纸装回相机内进行出片。这个方法还可以与重曝结合，拍摄出更有趣的照片。

作者名称：Lancelot　　　作者职业：学生
产品型号：instax mini 90　所用时长：3 年

趣味摄影

二

我是个手绘和摄影爱好者，富士 LiPlay 的一些功能给我这样的拍摄者提供了很大的创意空间。

LiPlay 对应的手机 APP 叫 mini LiPlay，可直接从手机应用商城中下载。APP 中有一个模块叫"模板快捷键设置"，其中包含很多自带的模板，同时也支持自定义模板添加。你可以根据自己的喜好创造模板并添加，拍照前可直接设置成快捷键，或拍照后也可以添加。

每个人都可以依据自己的个性、喜好、心情去设计，通过 PS 或者 Procreate 等绘画和设计软件都可以实现，创造属于自己的独特模板。

新冠疫情好转之后，约了两位同学一起春游，这次小
团建真的是久违了，第一次出门，我们都兴奋极了，
从来没发现原来花草树木是这么美丽！

你在笑，我在闹，我的眼里有风景，你的眼里有我。
这也许就是友情最好的诠释吧。

我们一起研究摄影技巧，一起赏花，
一起聊天，这就是最好的年纪，最好
的我们！

九年的好友过生日，之前都因为这样那样的原因没有在一起庆祝，这是第一次。去
蛋糕店在专业人士的指导下，自己亲手做了一个蛋糕给他，样式有点酷。也许，我
们平时不常见面，也许我们不习惯用语言表达对彼此的情谊，但我会用实际行动告
诉你，你在我心里很重要。

每个女孩都会时不时自拍一张，留下最爱的那个自己，使用延时 2 秒拍摄 + 手机遥控的方式，就能出现那个最美的自己。

作者名称：四夕　　　　　作者职业：学生
产品型号：instax mini LiPlay　　所用时长：半年

第六章

世界的美好就
在你眼里

————

关于作品赏析

复刻回忆——我的研学时光

二

　　随着年龄的增长，人的记忆力会逐渐减退，好在我们遗忘的那些事情，时光会记得。翻看照片时，回首读研的这三年，当时的各种经历徐徐展开，一股莫名的欣喜感夹杂着告别的忧愁涌上心头。我想我要感谢的还有 instax mini 7C 相机，它像个忠实的伙伴，从国内到国外，从青涩到成熟，陪着我走过了人生中不可多得的三年。那些美好的瞬间像一封挂号信，装在回忆的旧相册里，只要你有心翻开，从浮躁的生活里静下来，见信如面的亲切感便扑面而来。

研一时光

　　记得刚读研一的时候，带着些许憧憬，带着些许懵懂，开始了我的新生活。入学不久，我们举行了第一次班级聚会及万圣节晚会。几个外教也参与进来，大家一起扮演各种不同的人物，拿着南瓜看节目，玩得很开心，即使我们刚刚认识，即使我们来自天南海北，但在这一天，我们相聚在一起，没有距离，没有隔阂，自此便是同一个班级的人。如今毕业了，虽然同学们都各散天涯，但是曾经一起聚会的美好时光却刻在了我们每个人的回忆里。时光不老，情谊不变！

温馨的宿舍生活

除班级之外，宿舍生活也是研究生时光美好的一部分。我们经常互相串门，穿着睡衣到各个屋里逛，一起聊聊八卦，聊聊各自的家乡，聊聊班里的各种琐事。有时候只是为了拍几张"美照"。我想，工作之后，像我们这样穿着睡衣，抱着自己心爱的玩偶，在宿舍里合照的时光再也不会有了。我们都是素颜，没有精心打扮，却多了几分可爱甜美。每次看到这些照片，我都会忍不住嘴角上扬。

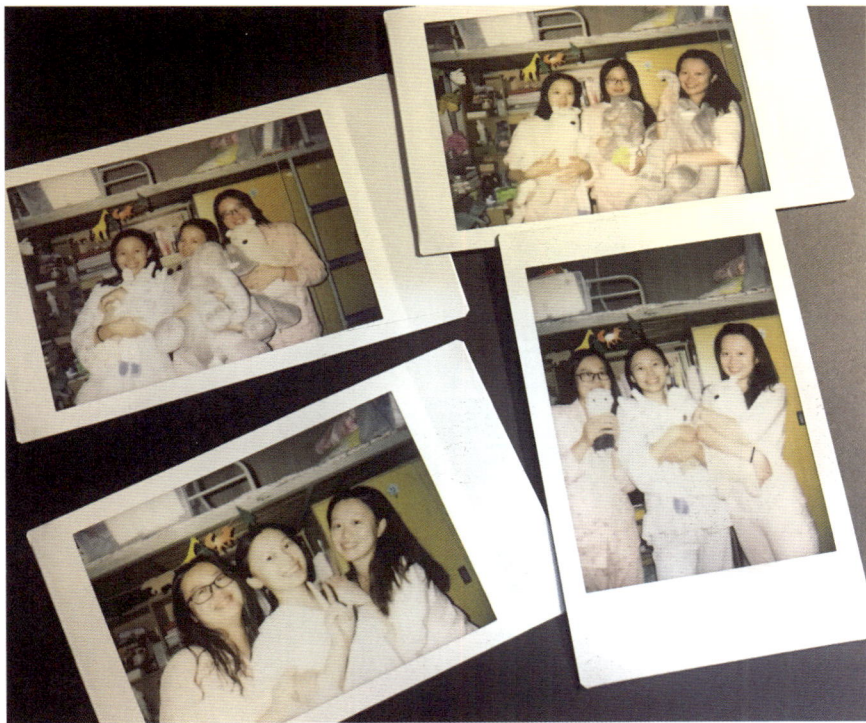

国外旅程

　　读研二的时候，非常幸运被选为一名公派生，代表学校去保加利亚鲁塞大学交流一学期。在那里遇到了很多来自欧洲的同学，也遇到了我的第一次心动。我们有一个室友是意大利女孩，那时候我经常和意大利同学一起做饭吃，互相探讨各自国家不同的文化，也渐渐适应了彼此不同的饮食习惯和生活习惯。这是一段非常珍贵的经历。回国以后，在我的意大利室友的热情邀约下，我去了意大利，和他们一家人同吃同住，在一个月的时光里，我感受到了西西里的淳朴民风，大家待我如亲人，临走时还送我一条手链，上面刻着意大利的常青树，寓意健康平安。

在作为公派生交流的这段时光里，我走过很多地方，认识了很多人。淋过维也纳街头的暴雨，看过布拉迪斯拉发的城堡，爬过巴黎郊外的蒙马特高地，亲吻过西西里的蓝色大海，却不得不在米兰的落日余晖里挥手告别这一切！我想，我永远也不会忘记2019年9月1日的那一天，我们在米兰傍晚的暮色里，站在街头告别和拥抱。也是在那一天，我抱着我的粉红色拍立得相机，站在街头寻觅，希望有人可以帮我留下这值得纪念的一刻！后来有一个小姐姐愿意帮忙，我用着还有一点生疏的英语教她如何操作，那一幕至今想起来还觉得有点青涩。于是这半年的时光在快门按下的那一刻终于落幕，也被写成一封加大号的挂号信，刻在我的青春岁月里，也刻在我的心上，熠熠闪光，永不褪色！如今回首再看，这大概是我生命中最美好的一段时光了。我在相册簿上抄了一段徐志摩的诗作为这封信的结尾：道一声珍重，道一声珍重，那一声珍重里有甜蜜的忧愁——沙扬娜拉！

转眼就到了研三，这一年里，忙忙碌碌，日光之下，并无新事，但我学会了在平凡的生活里看到点滴美好，学会了珍惜当下拥有的幸福。

也是在研究生的最后这段时光里，因为新冠疫情，我得以和家人长时间相处，这种机会实在难得。正因为有了这段朝夕相处的时光，使我越来越觉得能成为一家人，是非常可贵的缘分。我们哪怕看到了彼此最糟糕的样子，依然会相互扶持，不离不弃。

一家人的旅行

看到爸爸、妈妈慢慢老去的容颜，有时候会觉得莫名心疼，不知从什么时候开始，我逐渐意识到，我的父母老了，白头发多了，皱纹多了，精力不如从前了。小时候是他们照顾我，现在该由我来照顾他们了。于是就趁五一假期带他们出去散散心，这也是我们一家人难得的出游。平日里各自忙碌的我们终于可以一起坐下来，品品茶，说说话。在他们慢慢老去的时光里，我能做的就是尽可能多地陪伴他们。

爱小李. ♡

没有毕业典礼的毕业照

　　最后，合上这本时光相册，我毕业了，研究生生涯也就此结束了。在这期间，我哭过、笑过、成功过、失意过，所有种种都是经历，这些经历也造就了更好的我。我会更加珍惜这段时光，它们记录着我一路走来的痕迹，是岁月的故事，也是我的故事。时光陪着我走过了校园的操场，米兰的清晨，以及无数个闪光的瞬间。在以后的日子里，还会有更多的酸甜苦辣、更多的生活点滴等待着我去发现、去记录。我相信自己可以乘风破浪，勇往直前！

　　未来，我准备好了！

作者名称：何诗瑶 Tracy　　作者职业：高校教师
产品型号：instax mini 7C　　所用时长：3 年

我的摄影计划

—

　　因为爱上摄影给予的温暖，遂从职业设计师转型成为职业摄影师，在 2017 年开始了我的旅拍生涯。这几年间，脚步走过不少地方，包括日本、巴厘岛、欧洲各国等。在游览过这些地方之后，我于 2018 年开始了一个长期的拍摄计划——100 个拍立得女孩。

　　做这个拍摄项目有三个原因。其一，受一位前辈影响，他曾经连续一年，每天拍一个圆，当他的影展成功开幕的时候，我大受触动。其二，我一直在思考，拍人像到底为了什么，因为喜欢，因为开心，因为赚钱？还有呢？我很想做一些可以让自己将来回想起来都会觉得很有意思的事。然后脑袋里莫名其妙地就冒出了这个念头，而且一发不可收拾。其实拍人像，我更希望可以捕捉到被摄者的一些真情实感。对我而言，好看的照片千千万，但是有意义的照片寥寥无几。照片存在的初衷就是为了记录当下，为了在将来的某个时间段里，回忆起这段时光时，有照片可以作为载体，可以分享给身边的人，或给自己留个念想，甚至照片的意

Aoi   2019 /09/21

二笨 ☺   7.23   ☺

义也许就是为了让我们念念不忘。可能一张照片对于其他人而言，并没有那么多的意义，但是如果你喜欢，它就有了独特的意义。其三，拍立得是一次成像，无论好与坏，都没有办法从头再来，而且它不可修饰、不可改变，在按下快门的那一瞬间就决定了结果。所以，我决定用拍立得来做这个项目。我相信，出现在我镜头前的女孩子们都和我有一样的想法，都是热爱自己、热爱生活的人。

时至今天距离 2018 年 7 月 1 日已经过去两年多的时间了。目前已经完成拍摄 32 个女孩，预约人数也已经达到了 45 个。这一路走过来确实不容易，遇到过很多问题，也遭到过很多质疑，但没关系，我依然在默默地坚持着。好在这个计划变得越来越好，关注的人也越来越多。正如我身边的朋友所说，或许这就是属于你自己人生必须做的事。至少我还保持那一份初心，我深信，只要做好一件事，它就能替你解释所有的事。

感谢这些女孩们，感谢她们的认同和支持，她们当中有医生、有律师、有老师、有在读研究生、有音乐家、有演员，等等。遇到的每一位拍立得女孩，我都认真倾听她们的故事、她们的想法，而后我们一起讨论拍摄方法。于我而言，每一位女孩都是一个故事，她们都值得被记录。我也很荣幸可以用我的镜头来表达她们的感受、她们的故事。

作者名称：Jork   作者职业：摄影师 & 平面设计师
产品型号：instax 500AF、WIDE 300   所用时长：3 年

镜头下的记录

二

那天给一个朋友拍写真，刚好入手 mini 90 没多久，于是就趁着这个机会拍了一张照片，没想到很惊喜！

和妻子结婚没多久去香港游玩的时候，给她拍了一张照片作为留念。

那天晚霞很好看，对着电线杆拍了一张。

运用双重曝光拍出来的具有重
叠效果的照片。

那是我第一次约许天同学拍照，她的表现力出乎意
料的好。

我和妻子谈恋爱时，没人帮忙拍照，于是
就将相机放在一个消防栓上自拍。

我在东北工地工作的时候，利用地平线的
切割效果叠加起来拍出双重曝光的照片。

去公园里游玩，耳边不禁回荡起"让我们荡起双桨"这首歌。

某一天待在家里无聊，试了试闪光灯的双重曝光效果。

香港的旺角，在天桥上能拍到街市的繁荣景象。

深圳大梅沙沙滩，那天天气不错，人也不多。

特意给同学拍的照片。

旺角的天桥上，后面是密密
麻麻的街道。

那天刚下完雪，天蓝蓝的，
云朵白白的，很是好看。

"给你的狗尾巴草！"

在北京的一个老胡同巷子里，初
春时节，绿意盎然。

东北的秋天，金黄色的银杏叶洒满一地。

作者名称：叶楚航　　　作者职业：摄影师、咖啡店店长
产品型号：instax mini 90　所用时长：7 年

留在东海大桥的记忆

二

看过很多风景，也看过很多海，但记忆中最深刻的便是东海大桥的海。那天，我只是觉得好久没有看海了，便约上好友开车三个小时去东海大桥看海。

那天，风是甜的，天是蓝的。

那天，是我第一次用一次成像相机，小心翼翼地装上相纸，按下快门，等待相纸从空白到显示图像，从此留下了我们青春洋溢的时光。

时间真快，一年多过去了。现在我们各自在不同的地方做着不同的事。现在那张合影还放在我的手机保护套里。每次拿起手机，它就会提醒我，你们对我多么重要。

最好的友情，或许不是每天陪在你身边，而是时刻挂念着你，在你需要的时候听你诉说，或出现在你面前，帮你度过难关，帮你一起解决难题。好朋友懂你的存在，仅仅是这种存在，就能让人心安。

作者名称：沈某人　　　　作者职业：摄影师

产品型号：instax mini 8　　所用时长：2 年

旖旎的梦境

二

　　我是个夜夜与梦相伴的人，有时醒来犹可回忆起梦境中的种种，便用七分记忆作底色，加入二分想象，一分创作来定格这些梦境，以期能抓住虚无缥缈的瞬间。有时，我会按照梦境中的景象，作为摄影的灵感，拍摄下来。那些照片起源于梦境中，发散于思想外，加上拙劣的描述，算是我的一些小小记忆。

长胖

雨后的早晨带着独特的气味，混合着一夜泥土的湿润与灰尘，蒸腾着
飘向天空中。

马丁靴因放在阳台而被稍稍打湿，但今天依旧需要穿着它们一起出门。

大概是胖了些，最近鞋子越来越挤，我有些透不过气。

踩到盲道时我终于无法忍耐，疼痛感爆炸般袭来，第一次，我无须抬
头看世界。

那之后呢？

惊慌的双眼、继续走路的双脚。

是的，我是只能开放一次的妖冶的花，

马丁靴是我四处流浪的家。

绿幕

阳光极好，爬山虎差一点就能攀爬到窗口，爬山虎你快点长。

我探出身体想要赶走绿叶上的飞虫。

我喜欢双脚。

拿出彩色记号笔，细细地从脚往上描画。

爬山虎你快点长。

让我们一起看看这个美好的世界。

翅膀

"我背上有点痒，你帮我看看是不是长痘了。"

"什么都没有啊。"

"脊椎那儿。"

"看不出来，要不帮你挠挠？"

"好。"

"哎，你说，你是不是要长翅膀了。"

"瞎想什么呢。"

"晒晒太阳，光合作用，说不定就长出来了，天使。"

"恶魔也有翅膀，没看过漫画书吗？"

"没有，我的恶魔。"

"我是天使，你才是恶魔。"

"好，那我也晒晒太阳。"

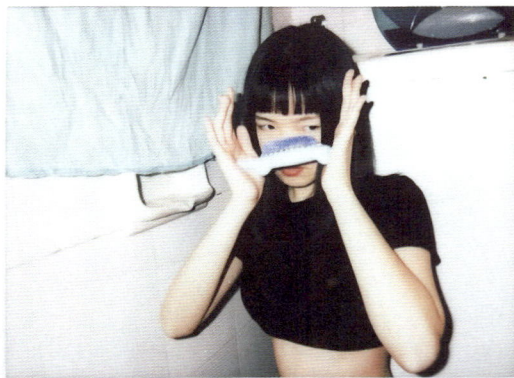

悲剧小说

喜欢她用纤纤手指触摸我，

喜欢她电脑里流淌出的音乐。

喜欢她在夜晚将热牛奶放于我身边，捧起我，凝视我。

不喜欢她蹙眉，不喜欢她叹息， 不喜欢她簌簌落泪。

她多像河川中暗涌的水，流淌着无边的空寂与忧思。

只有当她将眼镜放到我身体上时，我才能看清她婆娑的面庞。

而我无法为她拭去泪水。

是谁

那个女生脸色不好，眼神藏在睫毛下闪烁。

我轻声安慰她："只是例行检查而已。"

她摇头，不发一语。

当我问是不是养了小动物时，

她圆睁着双眸抬头，又立刻撇开视线，发丝随着她的动作翩飞。

"我只是看看。"我说。

是长着蓝色尖刺的刺猬，我第一次见。

抬头，镜子里的我拿着蓝色毛刷，发丝随着我的动作翩飞。

刚刚，是谁？

作者名称：醒醒　　　　作者职业：学生
产品型号：instax mini 8　　所用时长：9个月

你就是自己的风景线

二

　　每个自信的人都可以活成一道亮丽的风景线。我喜欢用富士 instax SQ20 数模一次成像相机，因为它可以随意剪切，定格每一个不想错过的瞬间，而且有多种滤镜选择，可以按照你自己的心情和场景选择心仪的滤镜，最重要的是还能双重曝光，拍出属于自己的独特风格。

　　每道风景都值得我们好好欣赏，不容错过。心情不佳的时候，走出去看看，不管是一盏路灯，还是一片海，抑或是头顶的那片天空，都可以让你放下心里的那些芥蒂，瞬间开阔起来。

周末休息的时候很喜欢到海边散散步、拍拍照，喜欢拍一些细节图和静物图。

海边人来人往，每个人都有不同的故事，就是这些故事构成了多彩多姿的世界。

作者名称：钟冰冰　　　　　作者职业：平面设计师
产品型号：instax SQUARE SQ20　所用时长：1 年

追逐世界的脚步

二

去年暑假，我们带着两个孩子第一次坐游轮，第一次体会到水天一色的真实感觉。
（拍摄风景照时推荐使用 WIDE 300 宽幅相机。）

夏天不要一味躲在空调房里，绿树成荫的热带植物园是个非常不错的选择。不妨去海南岛的热带植物园里看看吧。（WIDE 宽幅相机适合拍风景，而 SQ6 方形相机拍特写很不错。）

夏日夕阳的短暂美好。"夕阳无限好，只是近黄昏"。拍夕阳时要抓住时机，因为晚一点天就全黑了，太早又拍不出夕阳的感觉，因为相纸的感光因素，拍夕阳最合适的时间只有5~10分钟。

特意开车两个小时来五矿－哈施塔特小镇看看，来回四个小时只为了拍几张照片，也许偶尔的疯狂也是一种生活乐趣。

坐了四个小时飞机，带着两个孩子来到马来西亚 – 乐高乐园玩了两天，在这里大人和小孩都可以好好享受假期与童趣。

虽然新冠疫情没有那么紧张了，但出外旅游还是不太放心、周日带着孩子就在社区里的儿童
游乐区玩耍也是不错的选择。

作者名称：德仔   作者职业：室内设计师
产品型号：instax WIDE 300、SQUARE SQ6   所用时长：5 年

第三章

一群人的
狂欢
————
关于友情

我 们 之 间 是 来 真 的